高齢者講習 認知機能検査

完全攻略

絵を簡単に覚える方法

はじめに

この本は、「高齢者講習 認知機能検査 高得点対策」の改編版です。

この本に記載されている記憶法により、認知機能検査で１００点を取る人がたくさん出ました。それだけこの方法は、簡単で多くの方に出来る方法なのです。

私は今から半世紀以上も前の高校生の頃、ある本で記憶術を知りました。７５歳になったので、運転免許の更新で認知機能検査を受けることになったのです。直前までほとんど気にすることはなかったのですが、友人が認知機能検査の結果が悪くて、医者の診断書がいると言ったのです。その友人は、「絵が覚えられなくて点数が取れなかった」と言うのですね。

私が、高齢者講習へ行く２日前です。私はその時、昔の記憶術を思い出しました。記憶術というより記憶法といったほうが正確な表現です。あわただしく講習の前日に記憶法を２回ばかり練習して、認知機能検査に臨みましたが、力み過ぎて焦り、結果、（ラジオの絵）を記憶し損ない９６点でした。次ページの判定表は２度目のです。

この記憶法は、「エッ！こんな方法があったの？」と驚かれるくらい、簡単な方法です。ただ記憶の仕方はその人に合う、合わないがありますのでご了承ください。

（2022年5月の改正以降は、点数は通知されません）

これは私が高齢者講習で行った認知機能検査の結果です。

認知機能検査結果通知書

氏　名　川上　一郎

生年月日　M.T.Ⓢ 18年 1月 1日

検査場所　埼玉県公安委員会

総合点 100 点

③ （A 15点）（B 32点）（C 7点）

記憶力・判断力に心配ありません。

記憶力・判断力に心配ありませんが、これから受けていただく高齢者講習において指導されることに注意して、これからも安全運転に心がけてください。

また、個人差はありますが、加齢により身体の機能が変化することから、自分自身の身体の機能の状況を常に自覚して、それに応じた運転をすることが大切です。

これからも油断することなく、適度な緊張と慎重さを忘れないようにしましょう。

※　総合点によって次のように判定がなされています。

総合点	判定
76点以上	記憶力・判断力に心配ありません。
49点以上76点未満	記憶力・判断力が少し低くなっています。
49点未満	記憶力・判断力が低くなっています。

高齢者講習は認知機能検査の結果に基づいて実施されますので、高齢者講習を受講する際には、この書面を必ず持参してください。

令和 2年 8月 28日

埼玉県公安委員会 [埼玉県公安委員会印]

この本を使うにあたって

【第一章】
　高齢者講習の流れや内容を詳しく書いていますが、全然読まなくても認知機能検査にほとんど影響はありません。

【第二章】
　イラストの覚え方をマスターするには、この章だけで十分です。ここをしっかり練習してください。しかし、「なかなか自分にはマスターできない」と思われた方は、55ページの「自分の体を使って覚える練習」を繰り返し練習してください。

【第三章】
　講習の日まで日数に余裕のある方は、この章で「手がかり再生」で用いられる四つのパターンを全て覚える練習をしてください。（２日で６４のイラストをすべて覚えたという人もいらっしゃるのも事実です）
（実際の検査では、四つのパターンの内一つが出ます）

※この本に書かれている覚え方のどれをやっても出来ない方は、どんなやりかたでも構いませんので、とりあえず A、B、C、D のそれぞれのイラストを５つずつしっかり覚えてください。

【第四章】
この章は、「手がかり再生」で出題されるイラストの一覧表です。イラスト A,B,C,D をヒントごとにまとめてあります。参考にしてください。

目次

【第一章】

７５歳以上の方の免許更新

免許更新受講の内容

§認知機能検査

免許証の更新期間満了日（誕生日の1か月後の日）の年齢が75歳以上の方で免許更新を希望する方は、認知機能検査の受検と高齢者講習、運転技能検査を受けなければなりません。

認知機能検査は、運転免許証の更新期間が満了する日の6ヶ月前から受けることができます。認知機能検査の対象となる方には、運転免許証の更新期間が満了する日の6ヶ月前までに認知機能検査と高齢者講習の通知が警察から届きます。

医師の診断書等を提出した場合、認知機能検査が免除されます。

認知機能検査とは

自分の判断力、記憶力の状態を知るための簡易な検査です。

検査内容は、時間の見当識、手がかり再生、という2つの検査項目について、端末に記入して行います。端末は提供されます。

検査の実施は、約30分ほどで終わります。

具体的に行われる実施内容は、次の3つの項目が実施されます。

(1)時間の見当識　(2)手がかり再生　(3)介入課題

但し、（３）の介入課題は、採点されません。

§判定結果

1	36点未満	認知症のおそれあり
2	36点以上	認知症のおそれなし

(判定結果 その1)

「認知症のおそれあり」　という判定結果が出た方

臨時適性検査（専門医の診断）の受検
又は医師の診断書の提出
※ 運転免許本部より通知が来ます。

・認知症にあらずと診断された方は、高齢者2時間講習

・認知症と診断された方は、残念ながら免許証の停止・取消しとなります。

(判定結果 その2)

「認知症のおそれなし」という判定結果が出た方

・高齢者講習2時間
・実車による指導（点数によって自主返納やサポカー限定免許を勧告されます）

§高齢者講習

　認知機能検査の結果にかかわらず、講習時間は2時間になります。座学のあと、実車も行われます。

・二輪・原付・小特・大特免許のみを保有している方は、実車による指導がないため1時間になります。
・運転技能検査を受検する方は、実車による指導がないため1時間になります。

実車指導
　高齢者講習の中の実車指導でも点数がつけられ、点数によって自主返納やサポカー限定免許を勧告されます。

§料金のしくみ

１、認知機能検査費　１，０５０円

２、高齢者講習手数料の違い

講習2時間の方は、６，４５０円

講習1時間の方は、２、９００円

認知知能検査費と高齢者講習手数料を合わせた金額がかかります。

３、運転技能検査費　３，５５０円

認知機能検査の内容

§検査の方法

(1)時間の見当識

(2)手がかり再生(絵を提示)

(3)介入課題(予備検査)

(4)手がかり再生(回答)

(1)時間の見当識

検査時における年月日、曜日及び時間を回答します。

(2)手がかり再生

ここで１６枚の絵を見せられます。

記憶力検査のはじまりです。

(3)介入課題(予備検査)

たくさんの数字が書かれた表に、指定された数字をしっかり認識して斜線を引いていく、という検査です。

例えば、0から9までの数字がたくさん書かれているボードの中から、1と4の数字を選んで斜線を引きなさい、という問題の場合は、きちんと1と4の数字に斜線がひかれているかをチェックします。

　この課題は、採点されません。
　「手がかり再生」の回答までの間に、介入するための予備検査です。

(4) 手がかり再生

　一定のイラストを記憶し、採点には関係しない課題を行った後、記憶しているイラストをヒントなしに回答し、さらにヒントをもとに回答します。

§検査の採点基準

(1) 時間の見当識（最大 15 点）

ア　「年」　　正答の場合は5点

イ　「月」　　正答の場合は4点

ウ　「日」　　正答の場合は3点

エ　「曜日」　正答の場合は2点

オ　「時間」　正答の場合は1点

(3) 介入課題

　これは予備検査で点数採点はありません。手がかり再生の回答までの時間調整の問題でしょう。

(4) 手がかり再生（最大32点）

回答は自由回答と手がかり回答の二つに回答します。
一つのイラストについて

・ 自由回答及び手がかり回答の両方とも正答の場合は２点
・ 自由回答のみ正答の場合は２点
・ 手がかり回答のみ正答の場合は１点

回答した言葉に誤字又は脱字がある場合は正答となります。

（採点方法の詳細については、警察庁の Web サイト「認知機能検査について」をご覧ください）

総合点の算出

総合点＝1.336×時間の見当識の点数(最大１５点)
+ 2.499×手がかり再生の点数(最大３２点)

以上が、認知機能検査の内容です。
おわかりのように「時間の見当識」は普通の認知能力のある人にとってはいたって簡単ですね。

回答していて、「バカにすんな！」と腹立たしくなるくらい簡単すぎます。問題は、「手がかり再生」です。

認知知能検査の実施内容

初めに書く書類です。

認知機能検査用紙

名　前	
生年月日	明治 大正　　　年　　　月　　　日 昭和
性　別	1　男　性 2　女　性
普段の 車の 運転状況	1　週に1回以上運転 2　月に2回程度運転 3　月に1回程度運転 4　2，3か月に1回程度運転 5　ほとんど運転しない

諸注意

1　指示あるまで、用紙はめくらないでください。

2　答えを書いているときは、声を出さないでください。

3　質問があったら、手を挙げてください。

(1)時間の見当識

問題用紙１

問 題 用 紙 1

この検査には、5つの質問があります。

左側に質問が書いてありますので、それぞれの質問に対する答えを右側の回答欄に記入してください。

答えが分からない場合には、自信がなくても良いので思ったとおりに記入してください。空欄とならないようにしてください。

※ 指示があるまでめくらないでください。

回答用紙１

回 答 用 紙 １

以下の質問にお答えください。

質 問	回 答
今年は何年ですか？	年
今月は何月ですか？	月
今日は何日ですか？	日
今日は何曜日ですか？	曜日
今は何時何分ですか？	時　　分

※　指示があるまでめくらないでください。

(2) 手がかり再生の問題

これから、いくつかの絵を見せますので、
こちらを見ておいてください。

一度に４つの絵を見せます。
それが何度か続きます。

後で、何の絵があったかを
全て、答えていただきます。
よく覚えてください。

絵を覚えるためのヒントも出します。
ヒントを手がかりに
覚えるようにしてください。

実際に使われる絵は A,B,C,D の４パターンあり、そのうちの１パターンが使用されます。参考にパターン A の１枚（４枚の内）をご覧ください。

パターンA

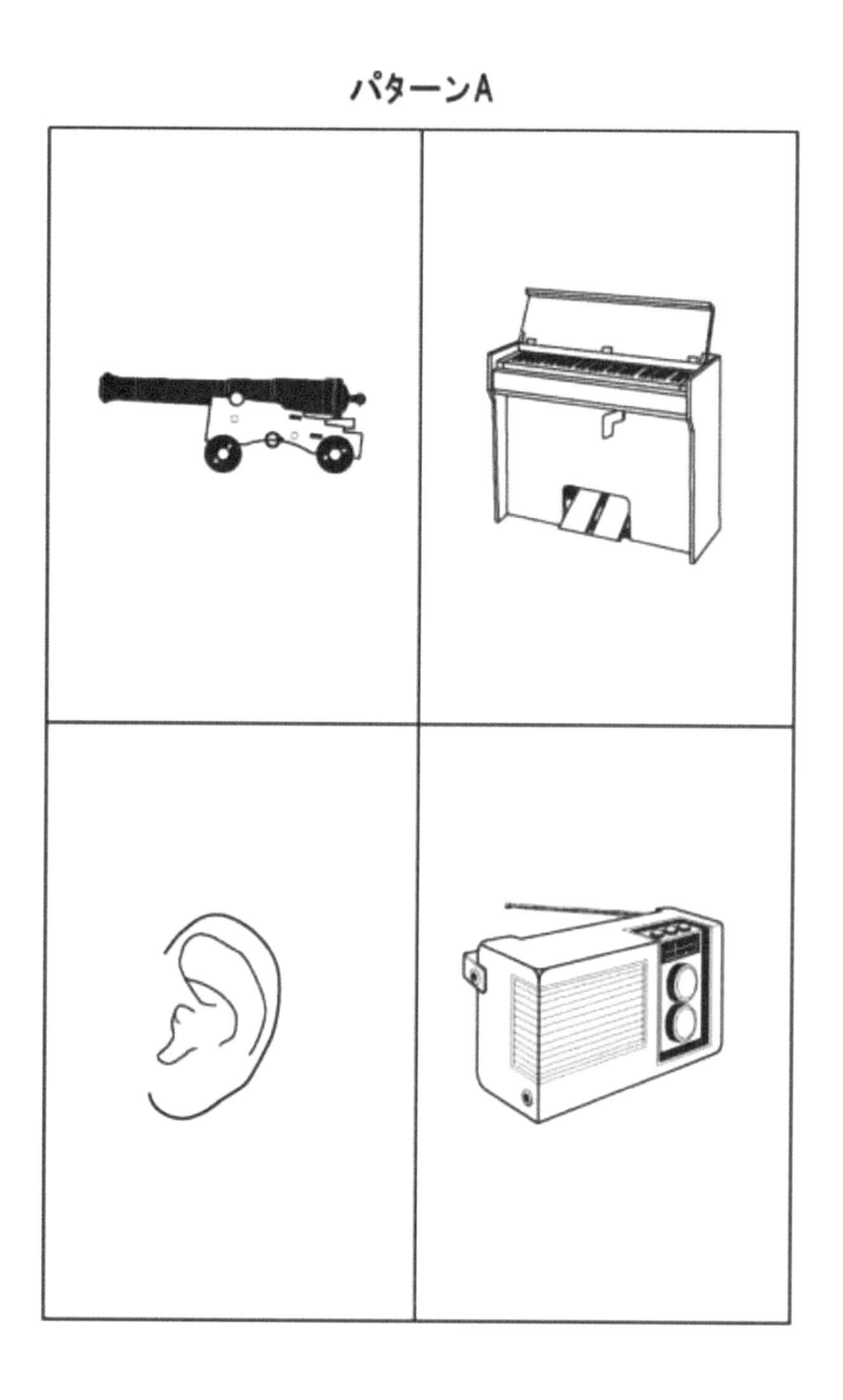

検査では、イラストを示しながら、次のように説明されます。

（１枚目）
これは、大砲です。これは、オルガンです。
これは、耳です。これは、ラジオです。

この中に、楽器があります。　　　　　それは何ですか？　オルガンですね。
この中に、電気製品があります。　　　それは何ですか？　ラジオですね。
この中に、戦いの武器があります。　　それは何ですか？　大砲ですね。
この中に、体の一部があります。　　　それは何ですか？　耳ですね。

（２枚目）　　次のページに移ります。
これは、テントウムシです。これはライオンです。
これは、タケノコです。これはフライパンです。

この中に、動物がいます。　　　それは何ですか？　ライオンですね。
この中に、野菜があります。　それは何ですか？　タケノコですね。
この中に、昆虫がいます。　　　それは何ですか？　テントウムシですね。
この中に、台所用品があります。　それは何ですか？　フライパンですね。

（３枚目）　　次のページに移ります。

これは、ものさしです。これは、オートバイです。
これは、ブドウです。これは、スカートです。

この中に、果物があります。　　　それは何ですか？　ブドウですね。
この中に、文房具があります。　　それは何ですか？　ものさしですね。
この中に、乗り物があります。　　それは何ですか？　オートバイですね。
この中に、衣類があります。　　　それは何ですか？　スカートですね。

（４枚目）　　次のページに移ります。

これは、にわとりです。これはバラです。
これは、ペンチです。これはベッドです。

この中に、大工道具があります。　　それは何ですか？　ペンチですね。
この中に、花があります。　　　それは何ですか？　バラですね。
この中に、家具があります。　　　それは何ですか？　ベッドですね。
この中に、鳥がいます。　　　　それは何ですか？　にわとりですね。

(3)介入課題

問題用紙２

問　題　用　紙　2

これから、たくさん数字が書かれた表が出ますので、私が指示をした数字に斜線を引いてもらいます。

例えば、「1 と 4」に斜線を引いてくださいと言ったときは、

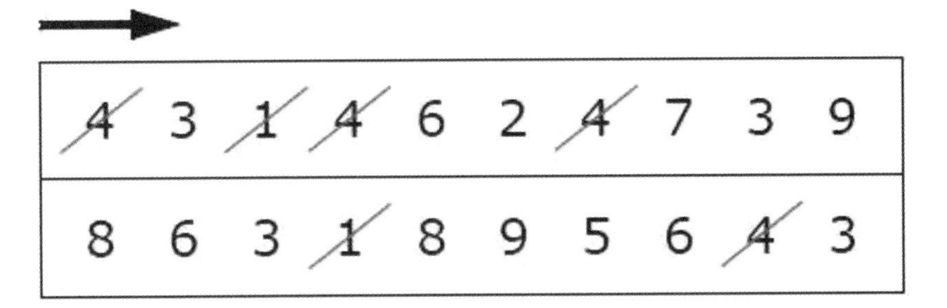

4	3	1	4	6	2	4	7	3	9
8	6	3	1	8	9	5	6	4	3

と例示のように順番に、見つけただけ斜線を引いてください。

※ 指示があるまでめくらないでください。

回答用紙２

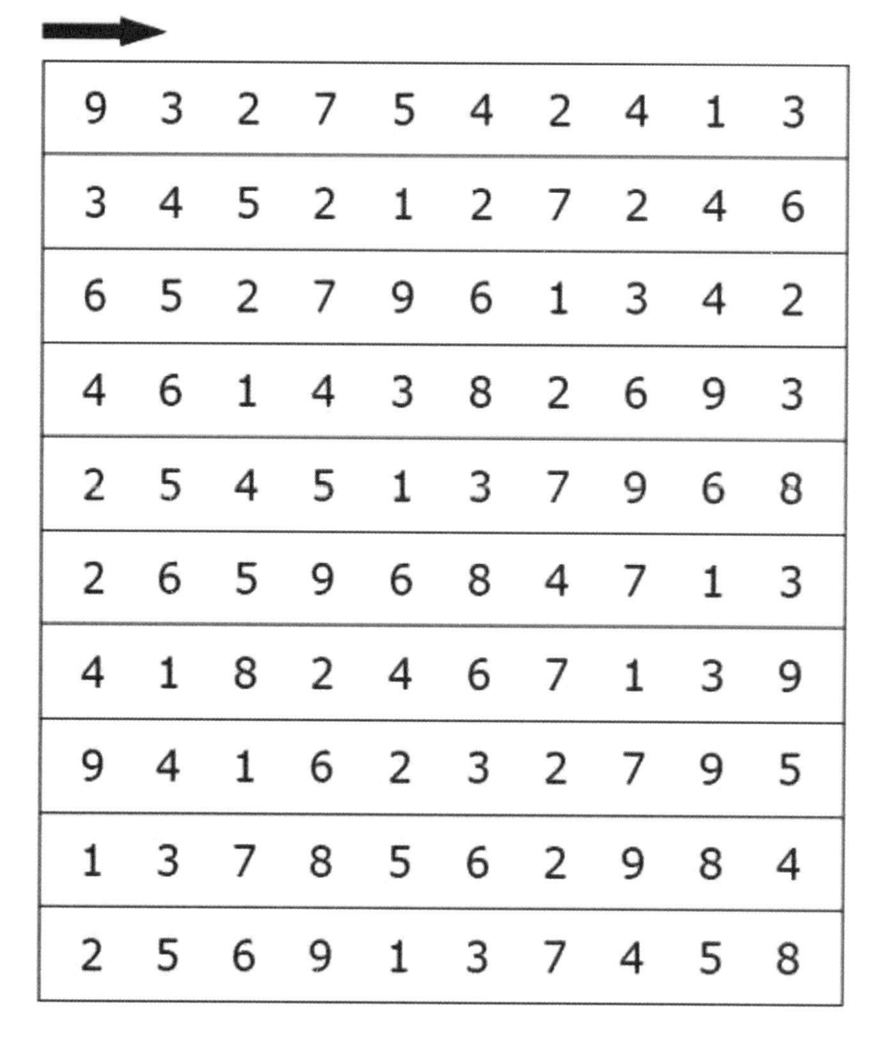

回答用紙２

9	3	2	7	5	4	2	4	1	3
3	4	5	2	1	2	7	2	4	6
6	5	2	7	9	6	1	3	4	2
4	6	1	4	3	8	2	6	9	3
2	5	4	5	1	3	7	9	6	8
2	6	5	9	6	8	4	7	1	3
4	1	8	2	4	6	7	1	3	9
9	4	1	6	2	3	2	7	9	5
1	3	7	8	5	6	2	9	8	4
2	5	6	9	1	3	7	4	5	8

※ 指示があるまでめくらないでください。

(4) 手がかり再生の回答

問題用紙３

問 題 用 紙 3

少し前に、何枚かの絵をお見せしました。

何が描かれていたのかを思い出して、できるだけ全部書いてください。

※ 指示があるまでめくらないでください。

回 答 用 紙 ３

1 ____________________

2 ____________________

3 ____________________

4 ____________________

5 ____________________

6 ____________________

7 ____________________

8 ____________________

9 ____________________

10 ____________________

11 ____________________

12 ____________________

13 ____________________

14 ____________________

15 ____________________

16 ____________________

※ 指示があるまでめくらないでください。

問　題　用　紙　４

今度は回答用紙の左側に、ヒントが書いてあります。

それを手がかりに、もう一度、何が描かれていたのかを思い出して、できるだけ全部書いてください。

※ 指示があるまでめくらないでください。

回答用紙4

回 答 用 紙 4

1 戦いの武器 ______

2 楽器 ______

3 体の一部 ______

4 電気製品 ______

5 昆虫 ______

6 動物 ______

7 野菜 ______

8 台所用品 ______

9 文房具 ______

10 乗り物 ______

11 果物 ______

12 衣類 ______

13 鳥 ______

14 花 ______

15 大工道具 ______

16 家具 ______

※ 指示があるまでめくらないでください。

「手がかり再生」は、１６枚の絵を覚えて「介入課題」の後に回答する検査です。

絵は順番通りに回答する必要はありませんが、３６点以上の点数をとれるかどうかがこれで決まります。

「時間の見当識」では、最大１７．２５点です。
３６点取るためには、最低でも「手がかり再生」で１８．７５点取る必要があります。

つまり、１６ヶの絵のうち５ヶを覚えないと
「認知症のおそれなし」の判定を得られません。

もし、絵を４ヶしか覚えられないと
「認知症のおそれあり」と判定され、

臨時適性検査（専門医の診断）の受検
又は医師の診断書の提出　という結果になります。

自分の認知機能が低いと判定されるかどうか、極めて大切なカギは、ただ単に絵を記憶しているかどうかにかかっているのです。

§運転技能検査

更新期間満了日に満75歳以上で、誕生日の160日前の日前3年間に一定の違反行為がある方は、運転免許証更新の際に、運転技能検査の受検が必要です。（下図参照）

1.運転技能検査に合格しないと更新ができません。

※二輪・原付・小特・大特免許の方は運転技能検査の対象外です。

※二種免許保有の方は合格点が異なります。

2.更新期間満了までであれば、何度でも受検可能です。

3.検査内容は、一時停止、信号通過、右左折、指示速度、段差乗り上げなどの課題を行います。

対象となる１１の違反行為

信号無視	通行区分違反	通行帯違反等
速度超過	横断等禁止違反	交差点右左折方法違反等
踏切不停止等・遮断踏切立ち入り		交差点安全進行義務違反等
横断歩行者等妨害等	安全運転義務違反	携帯電話使用等

§運転技能検査の内容

決められたコースを走行し、

指示速度による走行（1回）、一時停止（2回）、右折・左折（各2回）、信号通過（2回）、段差乗り上げ（1回）
などの項目で運転技能が検査されます。

採点は100点満点からの減点方式で行われます。
合格ラインは、第一種免許は70点以上、第二種免許は80点以上です。

例えば、
赤信号で一時停止線で止まらず、横断歩道に入るまで停止しない場合、40点減点となり不合格となります。

従来の高齢者講習では実車指導や個別指導といった指導範囲ですみましたが、改正された運転機能検査は、新規に運転免許証を取得する際の試験に近い、厳しい基準を持っているといえます。

なお、運転機能検査は、更新期間満了までに何度でも繰り返して受験することが可能です。

※運転技能検査と認知機能検査・高齢者講習の受検・受講の順番は自由です。

§新しくなった高齢者免許更新のまとめ

● 運転技能検査（新設）

３年間に一定の交通違反をした人は、運転技能検査を受けなければなりません。

運転技能検査は、更新日まで何度でも受けることができますが、不合格になれば免許はもらえません。

合格した人は、高齢者講習 認知機能検査を受けます。

● 認知機能検査（認知機能検査では二点が変更されます）

① 時計描写がなくなります。

② 問題や回答には端末機が使用されます。

● 検査、講習手数料

・認知機能検査費　1,050円

・運転技能検査費　3,550円

・講習手数料　6,450円（運転技能検査対象者を除く）

　2,900円（運転技能検査対象者）

● 高齢者講習

高齢者講習の中の実車指導でも点数がつけられ、点数によって自主返納やサポカー限定免許を勧告されます。

【第二章】

記憶法の練習

絵を簡単に覚える方法

記憶力とは

私たちは年を取るにしたがって記憶力が衰えると言われていますが、一概には言えません。

私は現在８０歳になりますが、記憶力が衰えたという実感はありません。

テレビで１００歳を越えた人が、昔のことをしっかりと覚えていて話しているのを見たことはあるでしょう。

記憶力には若くても年老いていても、個人差があります。

この個人差だって持って生まれた能力というより、記憶の仕方に差が現れているように思います。

記憶力の鍵はイメージ力にあります。

初恋の人のことは、いつまでも憶えているでしょう。

楽しかったり、辛かったりした出来事もよく覚えているでしょう。それは、年齢に関係なく覚えているものです。

それはイメージとして、あるいは感情を記憶しているからなのです。

この認知機能検査の、手がかり再生の絵を簡単に覚えるには、**言葉で覚えようとしないでイメージ（想像）をしてください。**

絵を覚える実践編

● 第1ステップ

自分の身体に番号づけをする。（下の部位は例です。自分で覚えやすい箇所を１６個使います）自分の身体と番号を覚えます。

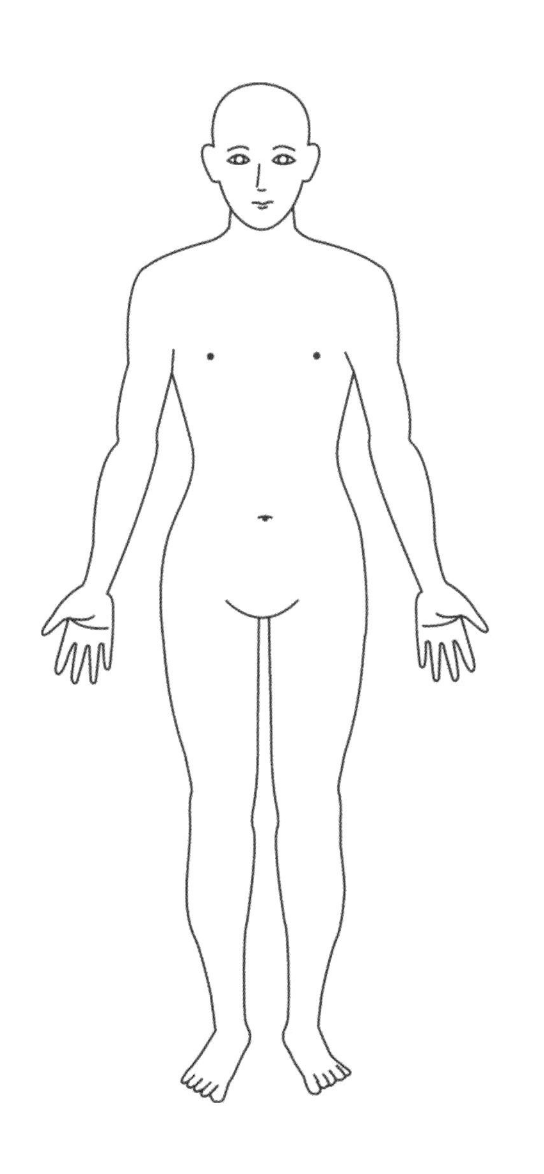

1　頭
2　額
3　右目
4　左目
5　鼻
6　右耳
7　左耳
8　口
9　のど
10　右肩
11　左肩
12　右腕
13　右手
14　胸
15　お腹
16　股間
17　右もも
18　右膝
19　右すね
20　足

初めに４番まで覚えてみましょう。

● 第2ステップ

記憶の仕方の練習

（これは実際に認知機能検査で行われる絵ではありません）

（飛行機、ウクレレ、いちご、ボクシンググローブ）

とりあえず、この４つの絵で記憶の仕方を練習しましょう。

絵に番号をつけます。上の左から横に１、２とつけ、下の左から３，４とつけます。

① 飛行機を、自分の体の（１　頭）と結びつけます。

【例】

飛行機が自分の頭に突き刺さった。

（とかイメージしてください。直感的に思い浮かんだイメージがいいですね）

② ウクレレを、自分の体の（２　額）と結びつけます。

【例】

ウクレレが自分の額に突き刺さっている。

③ イチゴを、自分の体の（３　右目）と結びつけます。

【例】

自分の右目からイチゴが生えてきた。

④ ボクシングのグローブを、自分の体の（４　左目）と結びつけます。

【例】

ボクシングで左目にパンチを受けて、左目が腫れた。

印象づけるのが目的ですから、なるべく刺激的なイメージがいいですね。

しばらくしてから頭、額、右目、左目は何だったか思い出してください。

次の４つの絵で、（５　鼻）から始めましょう。

（さくら、ティッシュ、車、犬）

自分の体の5番から8番まで覚えます。

次に
⑤ 桜の花を、自分の体の（5　鼻）と結びつける。

【例】
桜の枝が、自分の鼻から出て花が咲いている。

⑥ ティッシュを、自分の体の（6　右耳）と結びつける。

【例】
自分の右耳に、ティッシュ箱をぶら下げている。

⑦ 車を、自分の体の（7　左耳）と結びつける。

【例】
自分の左耳から、車が飛び出してきた。

⑧ 犬を、自分の体の（8　口）と結びつける。

【例】
犬が、自分の口に噛みついた。

しばらくしてから鼻、右耳、左耳、口は何だったか思い出してください。

次の絵で、（9　のど）から始めましょう。

（鹿、自転車、ランドセル、パソコン）

自分の体の9番から12番まで覚えます。

次に
⑨ シカを、自分の体の（９　のど）と結びつけます。

【例】
シカのはく製が、自分ののどにくっついている。

⑩ 自転車を、自分の体の（１０　右肩）と結びつけます。

【例】
自分の右肩に、自転車を載せて歩いていく。

⑪ ランドセルを、自分の体の（１１　左肩）と結びつけます。

【例】
ランドセルを、自分の左肩に載せ、バランスを取りながら歩いている。

⑫ パソコンを、自分の体の（１２　右腕）と結びつけます。

【例】
パソコンを殴って、自分の体の右腕に突き通した。

しばらくしてから喉、右肩、左肩、右腕は何だったか思い出してください。

次の絵で、（１３　右手）から始めましょう。

（わし、スキー、ミカン、西郷さん）

自分の体の13番から16番まで覚えます。

次に
⑬ ワシを、自分の体の（１３　右手）と結びつけます。

【例】
ワシを、自分の手のひらに載せて自慢そうに歩いている。

⑭ スキーを、自分の体の（１４　胸）と結びつけます。

【例】
スキーが、自分の胸から飛び出している。

⑮ みかんを、自分の体の（１５　お腹）と結びつけます。

【例】
みかんが、自分のお腹から生えてきた。

⑯ 西郷さんを、自分の体の（１６　股間）と結びつけます。

【例】
西郷さんの銅像に、自分の股間をぶつけた。痛い。

しばらくしてから右手、胸、お腹、股間は何だったか思い出してください。

簡単でしょう。常識的な発想にとらわれないでください。奇想天外なくらいが記憶に残りやすいんです。

10分後に１から１６まで、紙に書き出してみましょう。

引き続き練習してください。

練習用の絵Ｂ－1

（ヤシの木、アイススケート、スキーリフト、キャスター）

練習用の絵 B－2

（バーベル、かき氷、つるはし、結婚式）

練習用の絵Ｂ－3

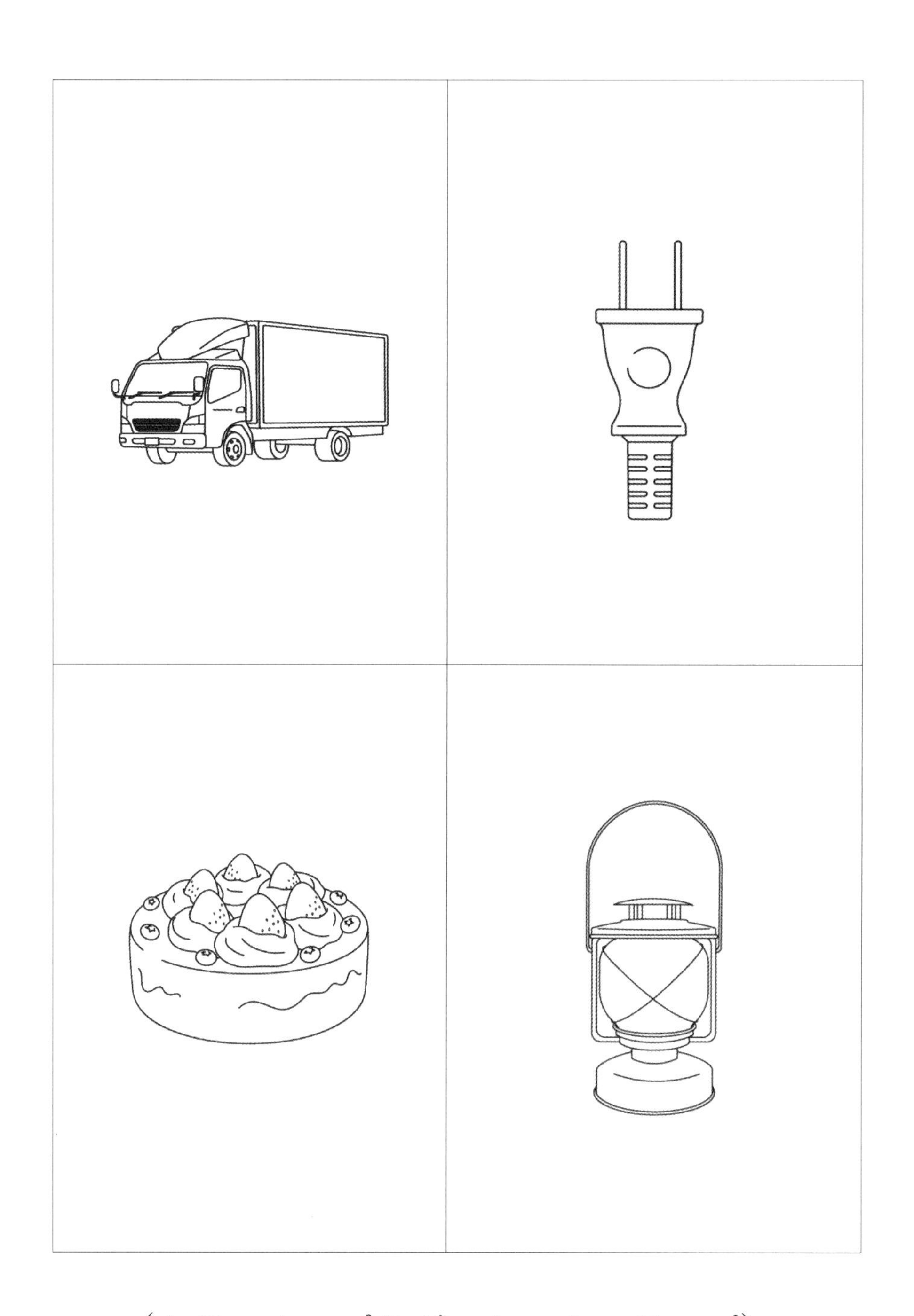

（トラック、プラグ、ケーキ、ランプ）

練習用の絵Ｂ－4

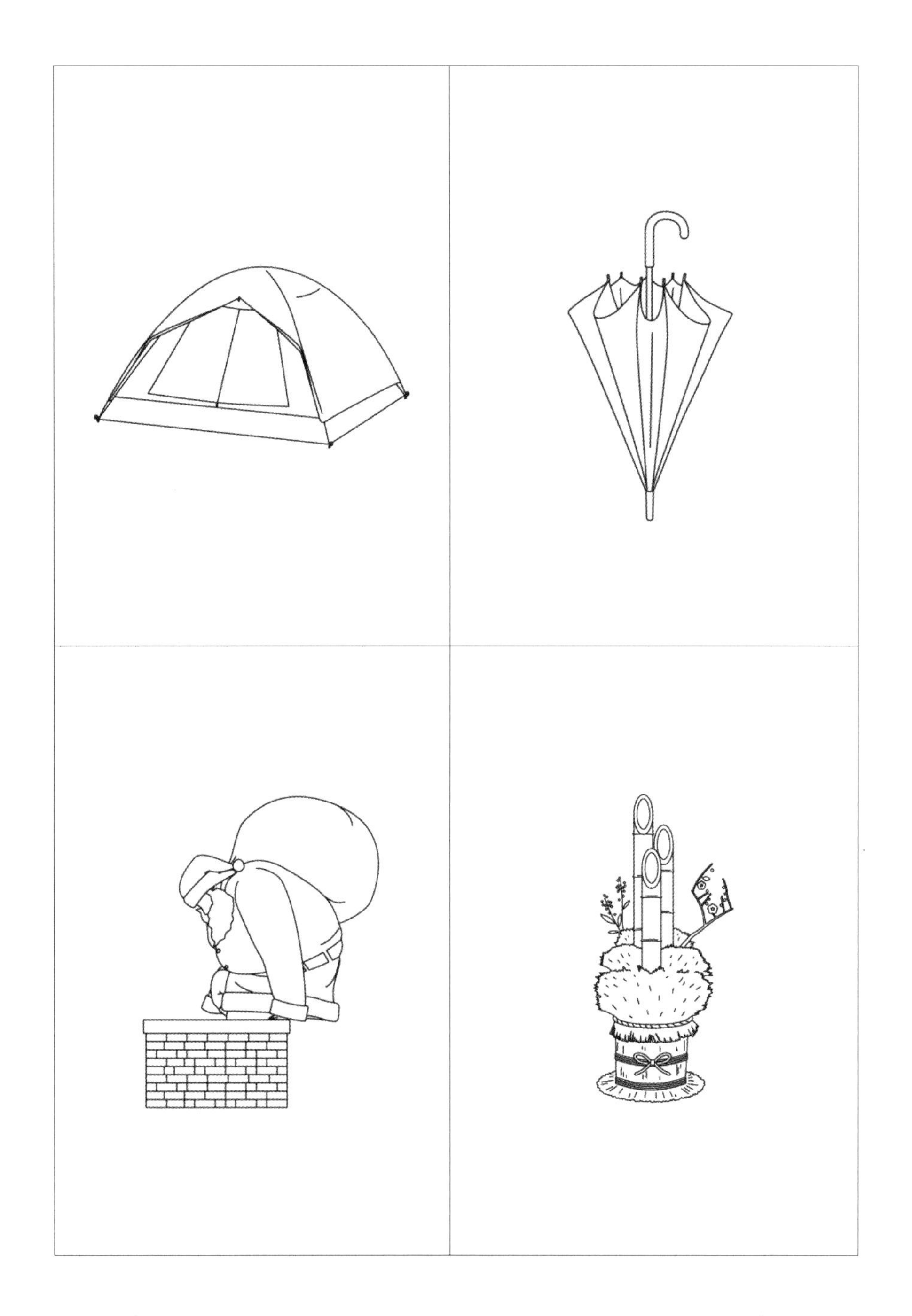

（テント、かさ、サンタクロース、門松）

3回目の練習です。

練習用の絵C－1

（カップ、ダルマ、もちつき、指輪）

練習用の絵C－2

（電球、にんじん、スマホ、福袋）

練習用の絵Ｃ－３

（いのしし、タバコ、さかな、露天風呂）

練習用の絵 C−4

（羽子板、イルカ、イチョウ、玉ねぎ）

引き続き練習してください。

練習用の絵Ｄ－１

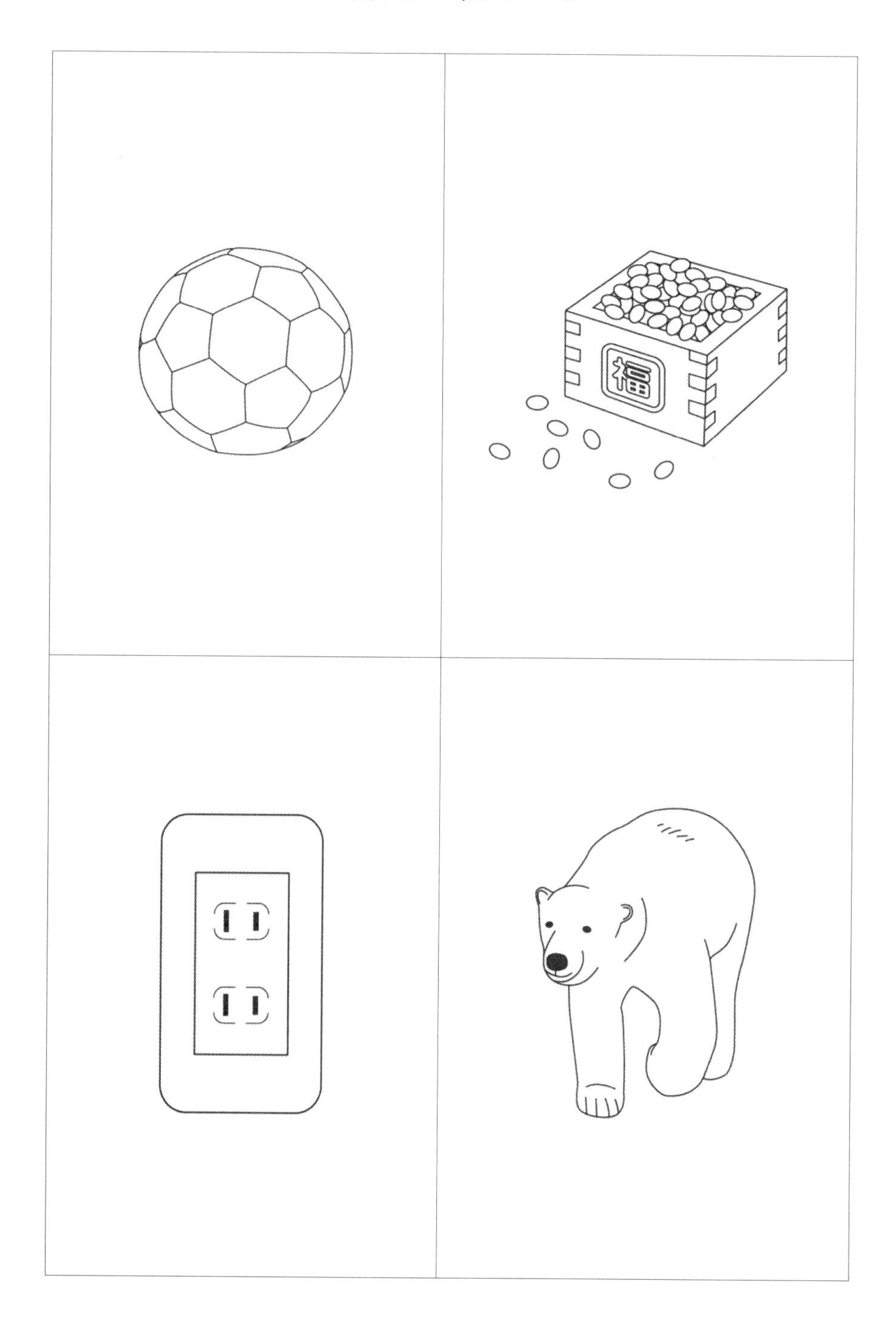

（サッカーボール、豆まき、コンセント、白くま）

練習用の絵Ｄ－２

（ぞうり、赤ちゃん、桶、王冠）

練習用の絵 D－3

（抽選機、車いす、UFO、水泳）

練習用の絵Ｄ－４

（絵具、ちり取り、磁石、扇）

少し難度を上げました。イメージ力を高めてください。

練習用の絵Ｅ－１

練習用の絵Ｅ－2

練習用の絵Ｅ－3

練習用の絵E－4

ここからの練習は、イメージ力をさらに高めるために言葉のみで記憶をする練習です。

文字による記憶練習1

1	バラの花	11	バス
2	茶碗	12	レストラン
3	メガネ	13	橋
4	虎	14	カラス
5	スカイツリー	15	タンポポ
6	カレーライス	16	レスラー
7	電話	17	帽子
8	桃	18	りんご
9	扇風機	19	耳
10	花見	20	戦車

文字に書かれているものをイメージして、身体の番号に結び付けていきます。つまり、文字を絵に置き換えてください。

文字による記憶練習2

1	味噌汁	11	シマウマ
2	猿	12	氷
3	消防自動車	13	だんご
4	アジサイ	14	ヘリコプター
5	海	15	鳩
6	鉛筆	16	お寿司
7	ハンバーガー	17	赤ちゃん
8	本	18	鼻
9	エアコン	19	映画館
10	オートバイ	20	トランペット

文字に書かれているものをイメージして、身体の番号に結び付けていきます。つまり、文字を絵に置き換えてください。

● 記憶するための大切なポイント

・体に付けた番号をしっかり覚える

５番、１０番、１５番の場所を優先的に覚えればいいですね。そこをおさえれば、何番は何と即答できるようになります。

・絵の物体を体にくっつける感じではなく、動的にイメージする

痛いとか重いとかいった感情がともなえば、非常に効果的です。そのためには、できるだけ刺激的なイメージがいいですね。

● 第二章だけで検査に臨む方は、実際の検査で行われる絵では、練習しないことをお勧めします。４つのパターンがありますので、自分が事前に練習したパターンと異なるパターンが出題された場合、イメージが混乱することも考えられるからです。(但し、第三章をしっかり練習する時間があれば大丈夫です)

● この記憶法をむずかしいと思う人は、次ページをしっかりマスターしてください。それでも思うように記憶できない人は、この記憶法は用いないでください。あくまでも自己責任で用いてください。

【第三章】では、実際に認知機能検査で用いられる絵で練習していただきます。

この記憶法を難しいと思われた方へ

「自分の右手にスプーンを持った」とイメージした場合、しばらくすると右手に何持っていたのか忘れてしまいますが、「自分の右手にスプーンが突き刺さった。痛い」とイメージするとその記憶は長く続きます。

これが自分の体を使って記憶するコツです。

● まず、はじめに自分の頭、額、右目、左目を順番通りに頭に入れてください。

28ページの4つのイラストをそれぞれ頭、額、右目、左目に結び付けてください。

（重いとか痛いとか楽しいとか印象に残り易いイメージで）
大切なのは、言葉で覚えようとしないでイメージすることです。

5分くらいしてから頭は何？、額は何？、右目は何？、左目は何？を思い出してください。

● これが出来るようになったら次の鼻、右耳、左耳、口へと進み、できたら次の喉、右肩、左肩、右腕へと進み、さらに右手、胸、お腹、股間へと進めて練習してください。

○ 【第三章】の A,B,C,D パターンも同様のやりかたで練習してください。
※ 決して言葉で覚えようとしないでください。印象に残れば覚えます。

【第三章】

実際に出される課題をマスター

パターンA、B、C、Dを全て覚える方法

認知機能検査の「手がかり再生」で実際に出される課題をマスターします。はじめに、記憶を行うベースを4つ作成します。

1つは自分の身体、二つ目は家族（妻）、三つ目は家の中、四つ目は友人2名といった具合で記憶のベースを自分なりに作成してください。

【例】

	自分の身体	家族の身体	家の中	友人2名
1	頭	〃	玄関	Aさんの頭
2	額	〃	下駄箱	〃　顔
3	右目	〃	食卓	〃　胸
4	左目	〃	流し	〃　お腹
5	鼻	〃	冷蔵庫	〃　股間
6	右耳	〃	レンジ	〃　もも
7	左耳	〃	ガスコンロ	〃　足
8	口	〃	食器棚	〃　背中
9	のど	〃	テレビ	Bさんの頭
10	右肩	〃	ソファー	〃　顔
11	左肩	〃	本棚	〃　胸
12	右腕	〃	額縁	〃　お腹
13	右手	〃	ベッド	〃　股間
14	胸	〃	タンス	〃　もも
15	お腹	〃	お風呂場	〃　足
16	股間	〃	トイレ	〃　背中

パターンA

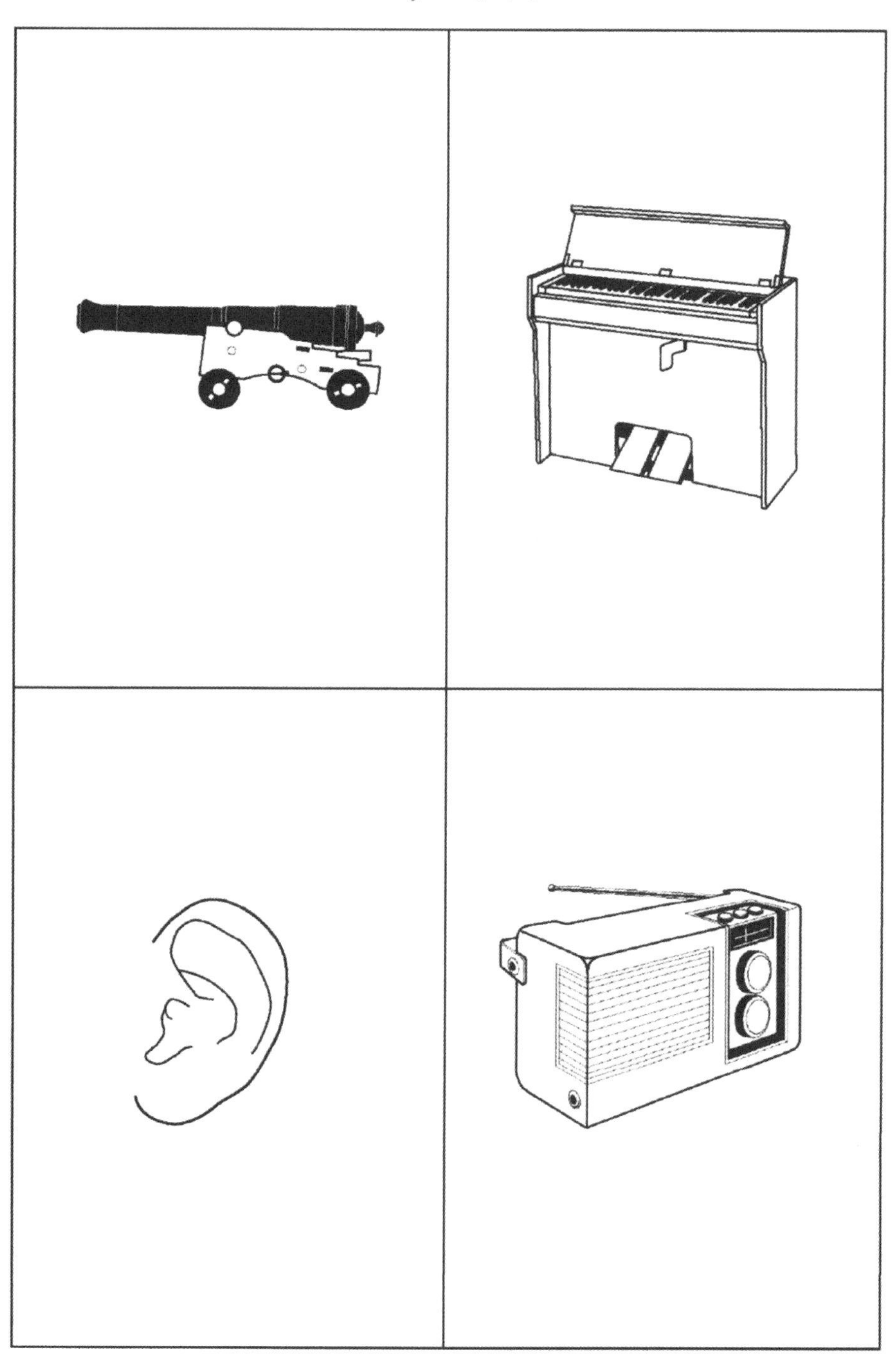

（大砲、オルガン、耳、ラジオ）

パターンA

（テントウムシ、ライオン、タケノコ、フライパン）

パターンA

（ものさし、オートバイ、ブドウ、スカート）

パターンA

（にわとり、バラ、ペンチ、ベッド）

パターンAを記憶する

記憶ベースの中の「自分の身体」を使って、パターン A の絵と結びつけます。
まず、絵に番号をつけます。左上を１、右上を２、左下を３、右下を４としましょう。

記憶の仕方

① 大砲を、自分の身体の（１の頭）と結びつけます。

【例】
大砲が、自分の頭に乗っかり重い。
大砲が、自分の頭に突きささった。

② オルガンを、自分の身体の（２ 額）と結びつけます。

【例】
オルガンが、自分の額から出てきて音を奏でている。
自分の額を、オルガンにぶつけて痛い。

③ 耳を、自分の身体の（３ 右目）と結びつける。

【例】
自分の右目から、耳が生えてきた。
自分の右目が、耳になった。

記憶に残りやすいイメージを思いつきましょう。痛いとか重いとか感覚に訴えるといいですね。イメージは一つで大丈夫です。

パターンB

（戦車、太鼓、目、ステレオ）

パターンB

（とんぼ、うさぎ、トマト、やかん）

パターンB

（万年筆、飛行機、レモン、コート）

パターンB

（ペンギン、ユリ、カナヅチ、机）

パターンBを記憶する

記憶ベースの中の「妻（あるいは子供等）の身体」を使って、パターンBの絵と結びつけます。

記憶の仕方

① 戦車を、妻の身体の（1 頭）と結びつけます。

【例】
戦車が、妻の頭の上を通り過ぎた。
戦車が、妻の頭に乗っかっている。

② 太鼓を、妻の身体の（2 額）と結びつけます。

【例】
妻の額が、太鼓になって自分がドンドンたたいている。
太鼓が、妻の額から飛び出してきた。

③ 目を、妻の身体の（3 右目）と結びつける。

【例】
妻の右目から、目が飛び出してきた。
妻の右目が、大きな目になった。

④ ステレオを、妻の身体の（4 左目）と結びつける。

【例】
妻の左の目に、ステレオが入り込んでいい音楽が聞こえる。

パターンC

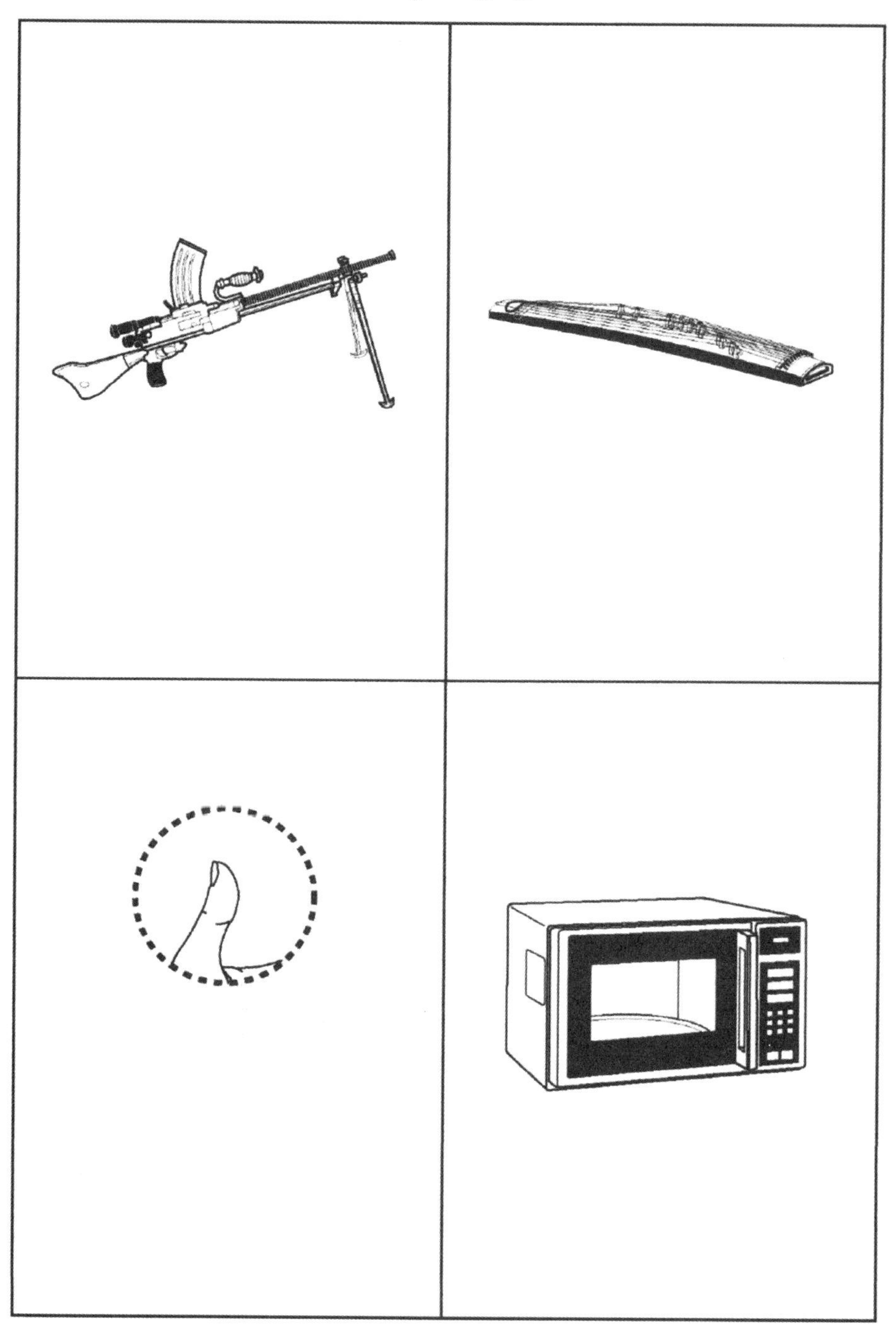

（機関銃、琴、親指、電子レンジ）

パターンC

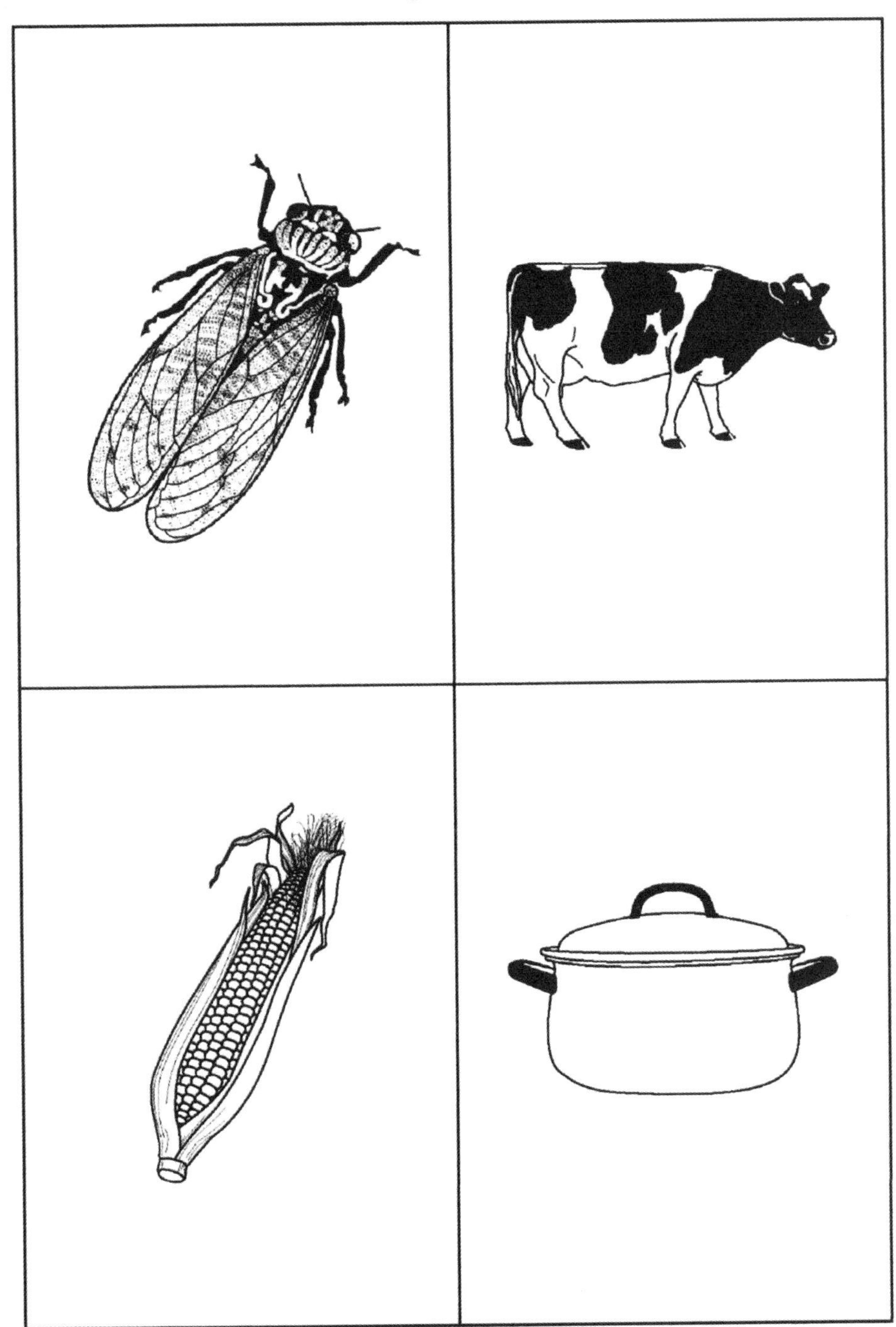

（セミ、牛、トウモロコシ、ナベ）

パターンC

（はさみ、トラック、メロン、ドレス）

パターンC

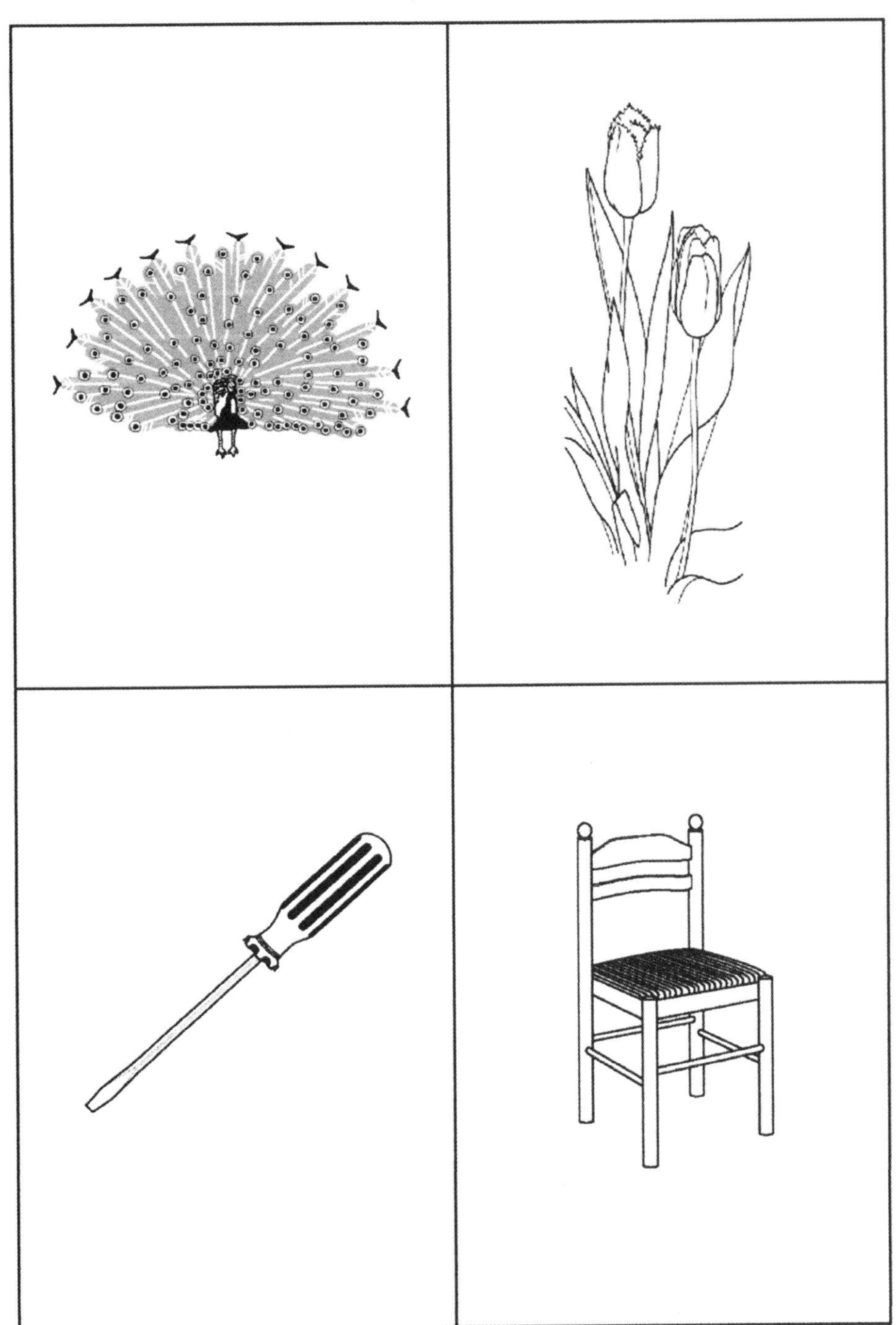

（クジャク、チューリップ、ドライバー、椅子）

パターンＣを記憶する

記憶ベースの中の「家の中」を使って、パターン Ｃ の絵と結びつけます。

記憶の仕方

① 機関銃を、（1 玄関）と結びつけます。

【例】
玄関に入ったら、自分に向けて、機関銃が置いてあった。
私は、玄関から機関銃を乱射した。

② 琴を、（2 下駄箱）と結びつけます。

【例】
下駄箱を開けたら、琴が飛び出してきた。
下駄箱の代わりに、琴が置いてあった。

③ 親指を、（3 食卓）と結びつける。

【例】
食卓の上に、親指が置いてあった。
食卓から、親指が生えてきた。

④ 電子レンジを、（4 流し）と結びつける。

【例】
電子レンジが、流しで流れていった。

パターンD

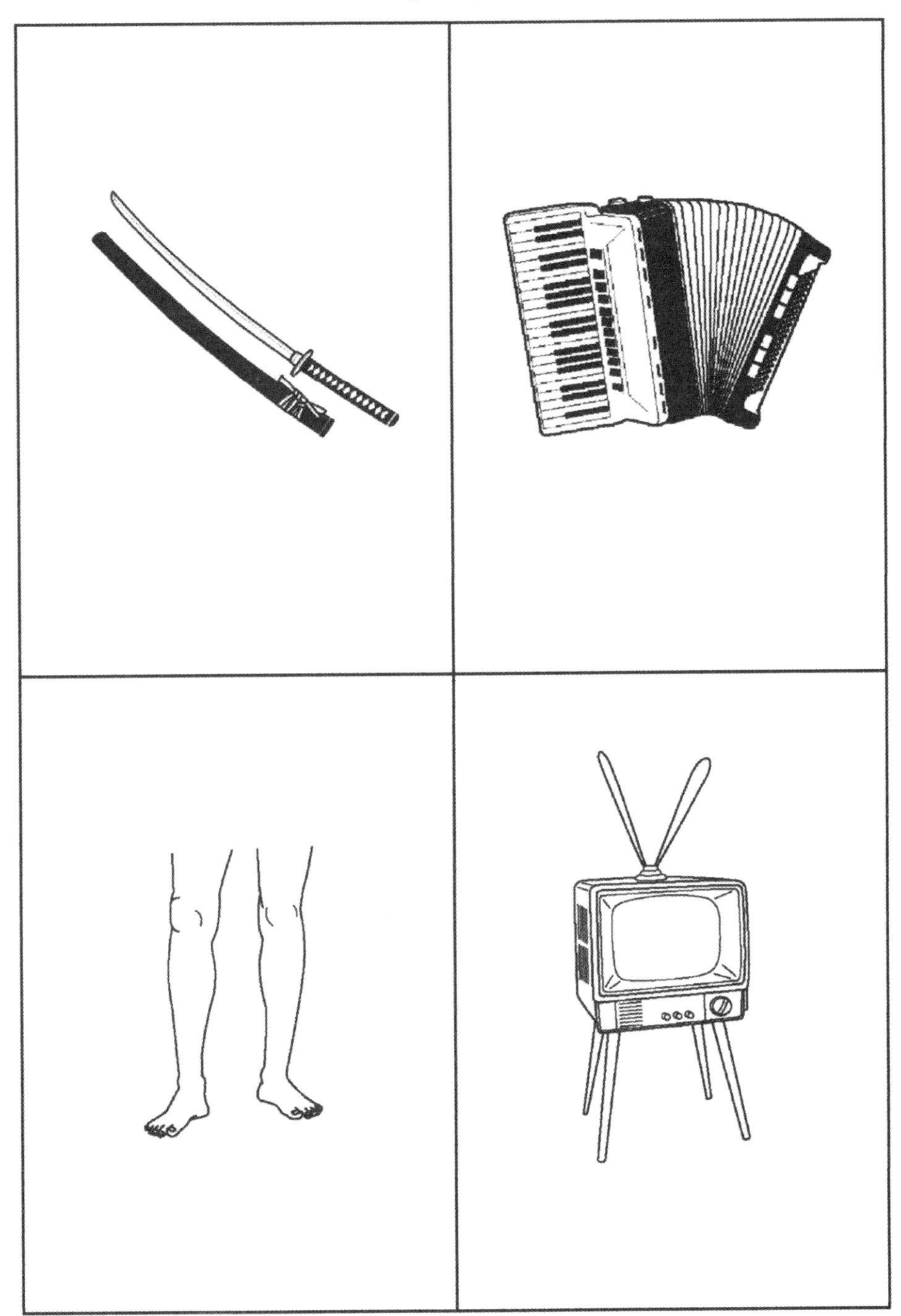

（刀、アコーディオン、足、テレビ）

パターンD

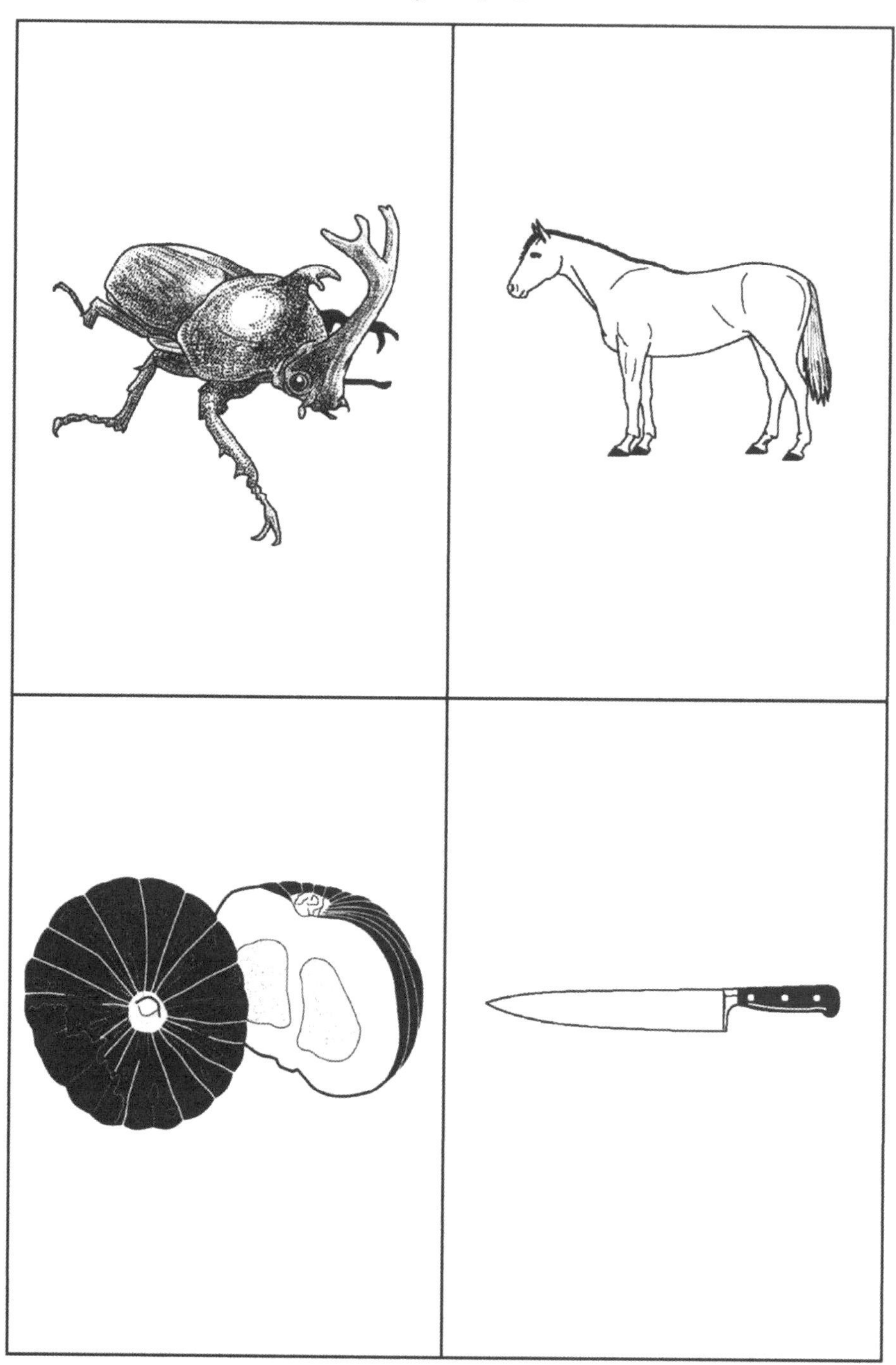

（カブトムシ、馬、カボチャ、包丁）

パターンD

（筆、ヘリコプター、パイナップル、ズボン）

パターンD

（スズメ、ひまわり、ノコギリ、ソファー）

パターンDを記憶する

記憶ベースの中の「街」を使って、パターン D の絵と結びつけます。

記憶の仕方

①刀を、(1 A さんの頭) と結びつけます。

【例】
A さんの頭に刀が突き刺さっている。
A さんが頭に刀をのせている。

②アコーデオンを、(2 A さんの顔) と結びつけます。

【例】
A さんの顔が、アコーデオンになっている。
アコーデオンが、A さんの顔をはさんだ。

③両脚を、(3 A さんの胸) と結びつける。

【例】
A さんの胸から両脚が出ている。
A さんの胸を両脚がたたいている。

④テレビを、(4 A さんのお腹) と結びつける。

【例】
A さんのお腹がテレビになっている。
A さんのお腹からテレビが出てきた。

【第四章】

イラスト一覧表

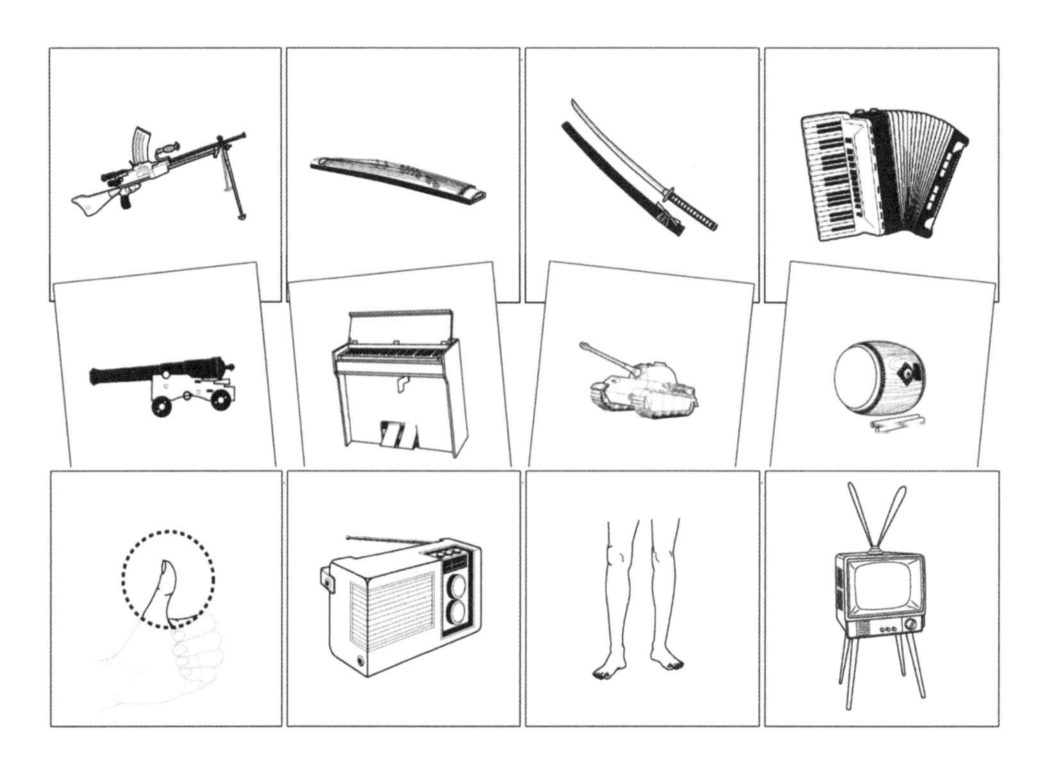

イラストは規則的な配列になっています

イラスト一覧

「手がかり再生」で出題されるイラストは A,B,C,D の四つの中からどれか一つが出ます。

どれが出るかは当日の検査が始まるまでわかりません。

しかし、この A,B,C,D のイラストは規則的に配列されています。どう規則的になっているのかを知ることはイラストを覚えていく上で大切なヒントでもあります。

A,B,C,D それぞれのイラストは、共通した16の項目で統一されています。それを一覧表にしました。

参考にしてください。

イラスト名前一覧表では、名前の書き方がカタカナであったり、ひらがな、漢字であったりしますが、これは警視庁のホームページに記載されているとおりに表示しました。

しかし、回答用紙に書く時には、自分の書きやすい書き方で書いてかまいません。回答に誤字、脱字があってもイラストの内容を表していれば正解になります。

訂正する場合は、二重線を引いてください。

イラスト一覧表

	Aのイラスト	Bのイラスト
戦いの武器	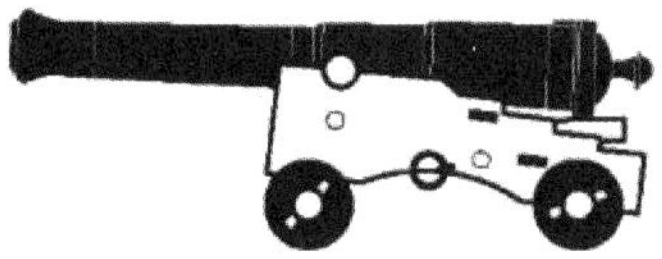	
楽器		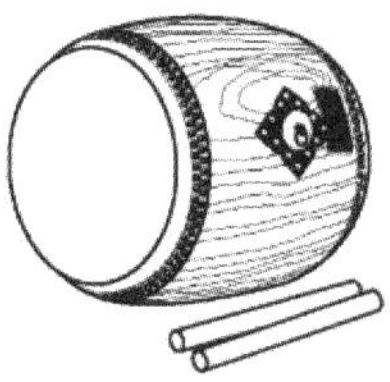
体の一部		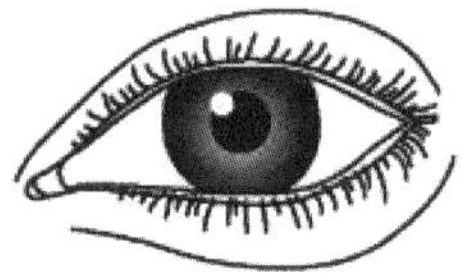
電気製品	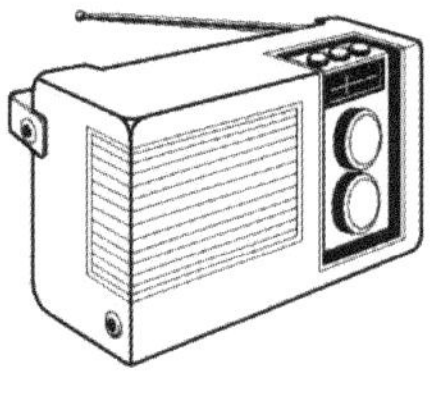	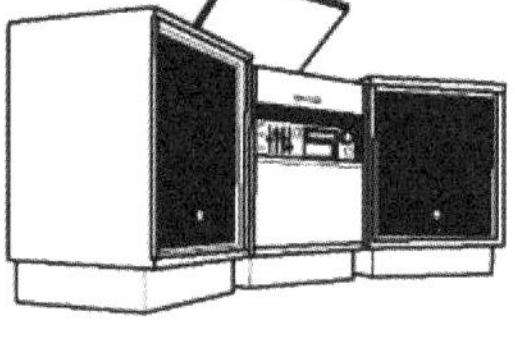

イラスト一覧表

	Cのイラスト	Dのイラスト
戦いの武器		
楽　器	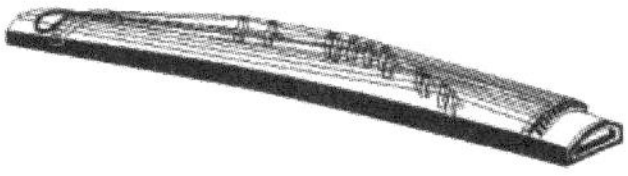	
体の一部	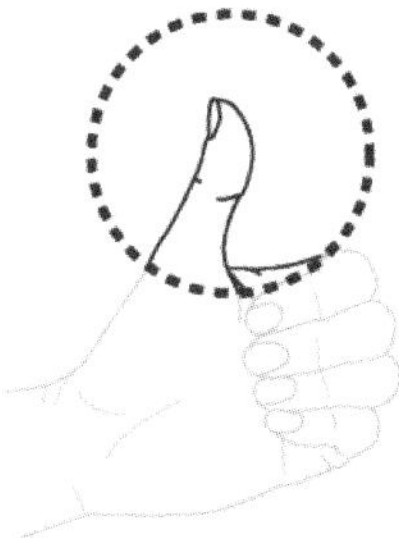	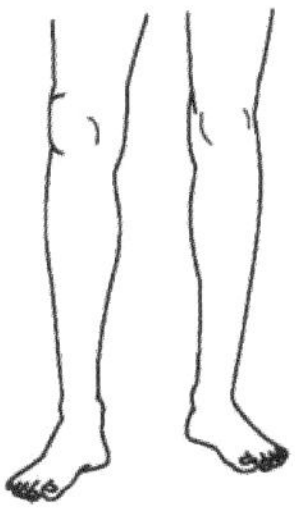
電気製品	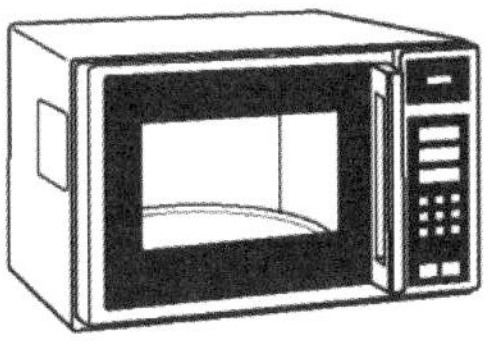	

イラスト一覧表

	Aのイラスト	Bのイラスト
昆虫		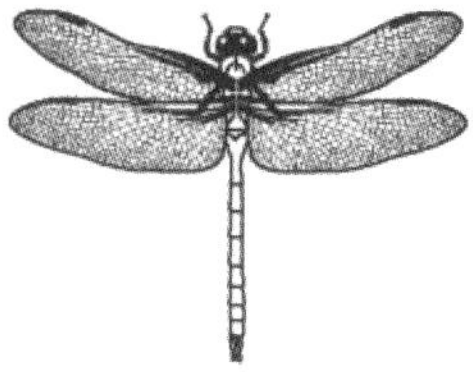
動物		
野菜	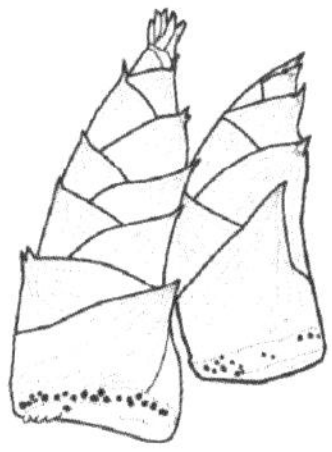	
台所用品	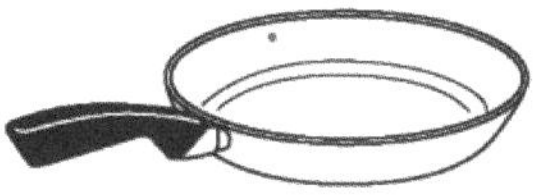	

イラスト一覧表

	Cのイラスト	Dのイラスト
昆虫		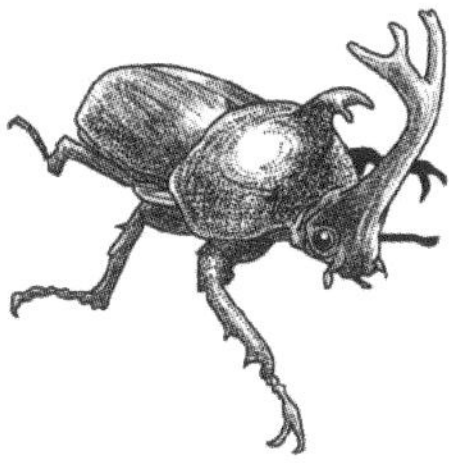
動物		
野菜		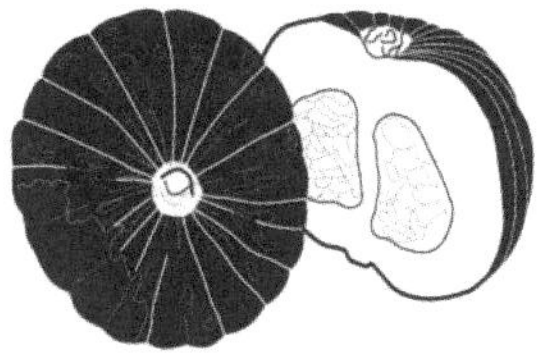
台所用品		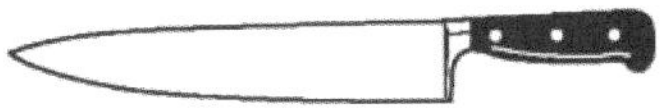

イラスト一覧表

	Aのイラスト	Bのイラスト
文房具	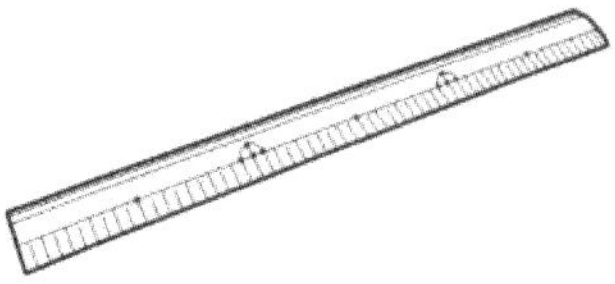	
乗り物		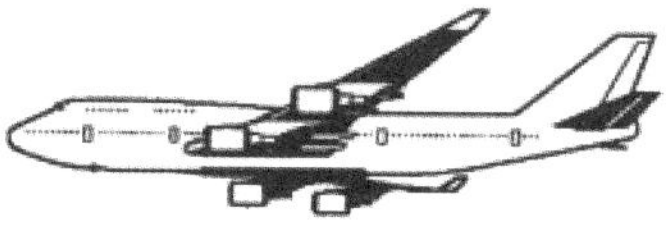
果物		
衣類		

イラスト一覧表

	Cのイラスト	Dのイラスト
文房具		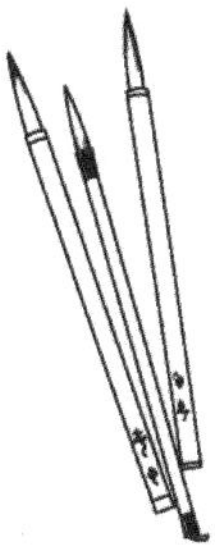
乗り物	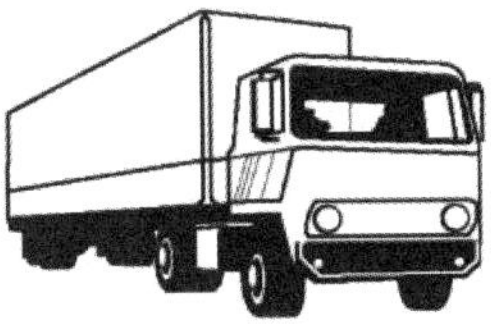	
果物	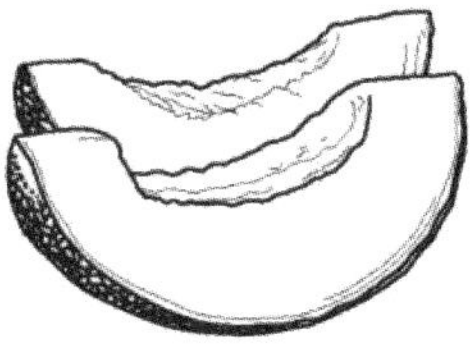	
衣類		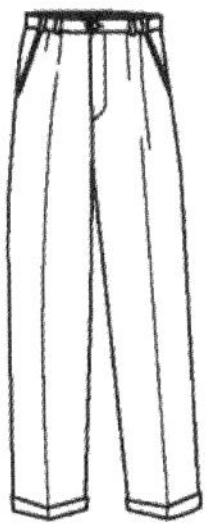

イラスト一覧表

	Aのイラスト	Bのイラスト
鳥		
花		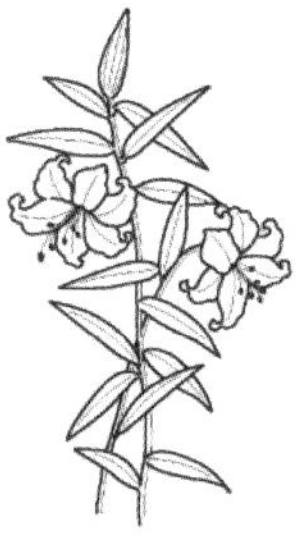
大工道具		
家具	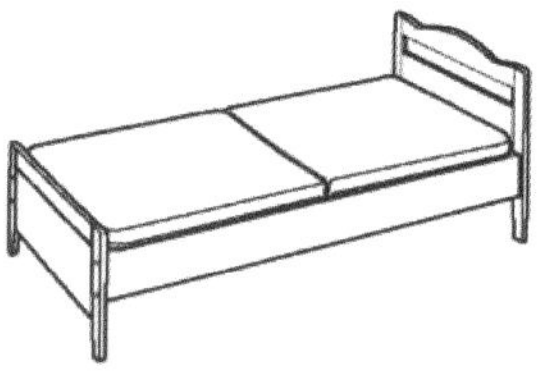	

イラスト一覧表

	Cのイラスト	Dのイラスト
鳥		
花	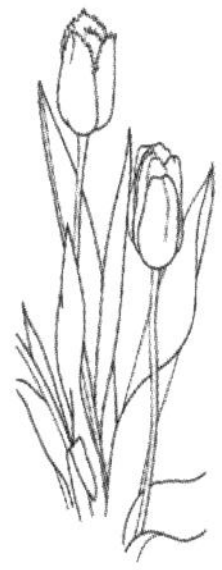	
大工道具		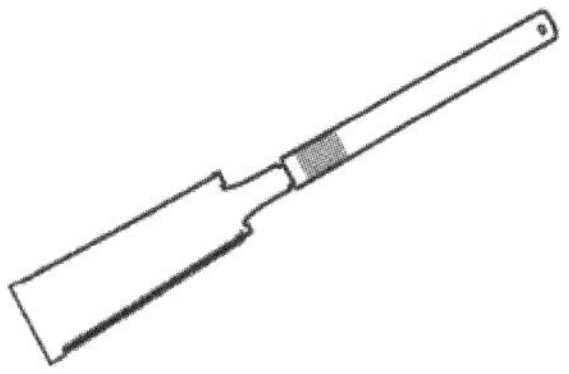
家具	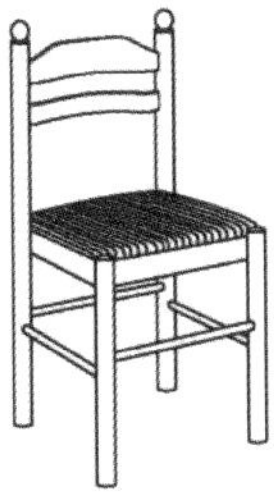	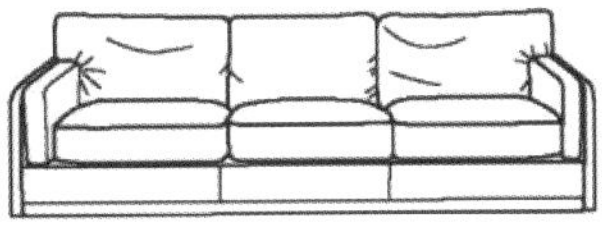

イラスト名前一覧表

ヒント	Aのイラスト	Bのイラスト
戦いの武器	大砲	戦車
楽　器	オルガン	太鼓
体の一部	耳	目
電気製品	ラジオ	ステレオ
昆　虫	テントウムシ	とんぼ
動　物	ライオン	うさぎ
野　菜	タケノコ	トマト
台所用品	フライパン	やかん
文房具	ものさし	万年筆
乗り物	オートバイ	飛行機
果　物	ブドウ	レモン
衣　類	スカート	コート
鳥	にわとり	ペンギン
花	バラ	ユリ
大工道具	ペンチ	カナヅチ
家　具	ベッド	机

イラスト名前一覧表

ヒント	Ｃのイラスト	Ｄのイラスト
戦いの武器	機関銃	刀
楽　器	琴	アコーディオン
体の一部	親指	足
電気製品	電子レンジ	テレビ
昆　虫	セミ	カブトムシ
動　物	牛	馬
野　菜	トウモロコシ	カボチャ
台所用品	ナベ	包丁
文房具	はさみ	筆
乗り物	トラック	ヘリコプター
果　物	メロン	パイナップル
衣　類	ドレス	ズボン
鳥	クジャク	スズメ
花	チューリップ	ひまわり
大工道具	ドライバー	ノコギリ
家　具	椅子	ソファー

Ｑ ＆ Ａ

● 認知機能検査の問題は地域によって違いますか？
（いいえ、全国おなじ内容です）

● 年度が変わると問題の内容やイラストが変わりますか？
（いいえ、平成21年からずっと同じです）

● 「手がかり再生」の問題で、イラストのA,B,C,Dが混ざって出題されることがありますか？
（いいえ、AはA、BはB、CはC、DはDのみの単一パターンで出題されています）

● 「時間の見当識」最大15点、「手がかり再生」最大32点となっていますが、倍率をかけても100点になりません。
（現在は100点満点ではありません。36点以上かどうかで判定されます）

● 「手がかり再生」の点数のつけかたがよくわかりません。
（回答用紙3の自由回答では、正解で2点が与えられ、回答用紙4の手がかり回答で同じく正解しても点数は0点です。
もし、回答用紙の自由回答で間違えば0点ですが、手がかり回答で正解ですと半分の1点が与えられます）

● 回答用紙3を見て回答用紙4に答えを書けますか？
（いいえ、回答用紙3が回収されたあとに回答用紙4が配られます）

あとがき

この本は、高齢者講習の認知機能検査を受ける人たちが、イラストを覚えるという不安から少しでも解放されることを願ってつくりました。

私も、初めて高齢者講習を受けた時、この記憶法を知っていたために大変助かったからです。検査がとても楽でした。
私の体験から、検査官による手がかり再生の説明のときには、自分の記憶することに集中したほうがいいと思います。
説明は覚えやすくするヒントですので、他の人には重要でも、この記憶法で覚える人には、さほど重要ではありません。

ここに載せた手がかり再生のイラスト（パターン A、B、C、D）が変更されていくことも考えられますが、その場合公平性を期すため数か月から1年くらい前から警視庁のホームページなどに告示されるでしょう。

この本は決して認知機能検査に支障をきたすものではありません。そもそも認知機能が衰えた方には使えませんから。認知機能に問題がない人がより高い得点をとるためのものです。
高い得点を取ったという報告をたくさんいただいています。

この本を作成するにあたって、手がかり再生の絵は、警視庁の「Webサイト　認知機能検査について」よりお借りしました。
練習用の絵は、Linustock 様のホームページよりお借りしました。
大変助かりました。お礼を申し上げます。

（2023年9月）

発行日　　　　　　2023年 9月 1日
著者　　　　　　　　　　川上一郎
印刷所　株式会社プリントパック
発行所（株）SEIWA 話し方教室
〒350-1326 埼玉県狭山市つつじ野４－１６－８０３
TEL 04-2954-8177